# BEI GRIN MACHT SICH IHR WISSEN BEZAHLT

- Wir veröffentlichen Ihre Hausarbeit,
  Bachelor- und Masterarbeit

- Ihr eigenes eBook und Buch -
  weltweit in allen wichtigen Shops

- Verdienen Sie an jedem Verkauf

Jetzt bei www.GRIN.com hochladen
und kostenlos publizieren

**Bibliografische Information der Deutschen Nationalbibliothek:**

Die Deutsche Bibliothek verzeichnet diese Publikation in der Deutschen National-
bibliografie; detaillierte bibliografische Daten sind im Internet über http://dnb.d-
nb.de/ abrufbar.

**Impressum:**

Copyright © 2013 GRIN Verlag
Druck und Bindung: Books on Demand GmbH, Norderstedt Germany
ISBN: 9783668748200

**Dieses Buch bei GRIN:**

https://www.grin.com/document/429941

Rebecca Mai

# Einführung einer kombinatorischen Fragestellung. Finden von Anordnungen und Entwicklung von Strategien (4. Klasse Grundschule)

GRIN Verlag

**GRIN - Your knowledge has value**

Der GRIN Verlag publiziert seit 1998 wissenschaftliche Arbeiten von Studenten, Hochschullehrern und anderen Akademikern als eBook und gedrucktes Buch. Die Verlagswebsite www.grin.com ist die ideale Plattform zur Veröffentlichung von Hausarbeiten, Abschlussarbeiten, wissenschaftlichen Aufsätzen, Dissertationen und Fachbüchern.

**Besuchen Sie uns im Internet:**

http://www.grin.com/

http://www.facebook.com/grincom

http://www.twitter.com/grin_com

SCHRIFTLICHER ENTWURF DER LEHRPROBE

ZUR ZWEITEN PRÜFUNG

Fach:      Mathematik

Thema:     Einführung einer kombinatorischen Fragestellung –
           Finden von Anordnungen und Entwicklung von Strategien

Klasse:    4

Uhrzeit:   10.05 -10.55 Uhr

# INHALTSVERZEICHNIS

# 1. Begründungszusammenhang

## 1.1 Legitimation des Themas

Die Unterrichtsstunde wird durch folgende, im Teilrahmenplan Mathematik und den Bildungs-standards festgeschriebene, Kompetenzen sowie Ziele begründet:

*Bildungsstandards im Fach Mathematik für den Primarbereich*

*- Allgemeine mathematische Kompetenzen:*
Durch die kombinatorische Aufgabenstellung der vorliegenden Stunde werden alle allgemeinen mathematischen Kompetenzen angesprochen und ausgebaut. Die Schüler übersetzen das Sachprob-lem in die Sprache der Mathematik, lösen es innermathematisch und beziehen die Lösung auf die Ausgangssituation. Dabei entwickeln sie Lösungsstrategien, fertigen eine für das Bearbeiten des Problems möglichst systematische Darstellung an, über die sie mit ihren Mitschülern diskutieren und dabei argumentieren.[1]

*- Inhaltsbezogene mathematische Kompetenzen:*
Von inhaltlicher Seite her lässt sich das Stundenthema insbesondere der Leitidee „Zahlen und Ope-rationen" und hierin der Leitkompetenz „in Kontexten rechnen" zuordnen: An dieser Stelle wird das Lösen „einfache[r] kombinatorische[r] Aufgaben durch Probieren bzw. systematisches Vorgehen"[2] explizit benannt.

*Teilrahmenplan Mathematik*

Den Begriff „Kombinatorik" sucht man im Teilrahmenplan vergeblich. Als Teil des Sachrechnens lassen sich kombinatorische Aufgaben aber vielen Lernleistungen zuordnen:

*- Leistungsprofil Mathematik:*
Die Auseinandersetzung mit kombinatorischen Fragestellungen bietet den Schülern die Möglichkeit reale Situationen ihrer Lebenswelt unter mathematischen Aspekten wahrzunehmen und diese in ein mathematisches Modell zu übertragen. Darüber hinaus werden die Kompetenzen im Finden, Erklä-ren, Darstellen und Begründen von Strategien zur Lösung von außer- und innermathematischen Problemen ausgebaut.[3]

*- Wissens- und Kompetenzentwicklung:*
Im Bereich des „anschlussfähigen Wissens" werden flexible Zählstrategien und Problemlösefähig-keiten weiterentwickelt; im Bereich des „anwendungsfähigen Wissens" die Kompetenzen des Mo-dellierens, Argumentierens sowie das Nutzen von Kreativität gefördert. Die Kinder lernen in diesem Zusammenhang Fachbegriffe, mathematische Zeichen und Notationsformen kennen bzw. nutzen und erfahren ihre Notwendigkeit.[4]

*- Orientierungsrahmen:*
Im Inhaltsbereich „Sachrechnen und Größen" werden für alle Klassenstufen unter dem Stichpunkt „Sachaufgaben" Punkte wie „authentische Aufgaben", „Übersetzen von Sachproblemen in einfache mathematische Modelle und umgekehrt" sowie „unterschiedliche Lösungsstrategien" aufgeführt.[5]

---

[1] Vgl. Kultusministerkonferenz 2005, S.7f.
[2] ebd., S.10.
[3] Vgl. Ministerium für Bildung, Frauen und Jugend 2002, S.22.
[4] Vgl. ebd., S.23f.
[5] Vgl. ebd. S.34.

## 1.2 Gegenwartsbedeutung, Exemplarität und Zukunftsbedeutung

Heinze betrachtet kombinatorische Problemstellungen als spezielle Form von Sachaufgaben, in denen Sachzusammenhänge geschildert werden, „[...] die Grundschüler in ihren Lebenswirklichkeiten durchaus wieder finden"[6]. Wenn man genauer darüber nachdenkt, begegnen sie den Schülern sogar sehr häufig: verschiedene Kleidungsstücke werden zu einem Outfit zusammengestellt, beim Kaufen von Eisbällchen wird aus einem großen Angebot eine Auswahl getroffen, beim Fahrradschloss wird ein bestimmter Zahlencode festgelegt und auch im Handy kann ein PIN eingegeben werden. Allerdings fragen sich die Kinder eher selten, wie viele Kombinationen im jeweiligen Fall denn überhaupt möglich wären. Der Mathematikunterricht der Grundschule thematisiert hingegen genau diesen Sachverhalt. Strategisches Zählen liefert den Schülern Einsichten in die Vielfalt der Kombinationen und damit auch in den Aspekt der Sicherheit, z.B. bei einem Zahlenschloss.

Da sich kombinatorische Fragestellungen leicht auf die Lebenswelt der Kinder beziehen lassen, treffen sie schnell das Interesse der Schüler. Zudem ermöglichen sie eine natürliche Differenzierung, dienen dem Entwickeln von strategischem Denken und bilden wichtige Grundlagen für ein Verständnis von Wahrscheinlichkeiten.[7] Nicht zuletzt bedient die Kombinatorik in hohem Maße auch die allgemeinen mathematischen Kompetenzen, welche nachhaltig die Leistungsfähigkeit der Schüler, nicht nur im Fach Mathematik, verbessern: die Problemlösefähigkeiten und das Problembewusstsein, Modellierungsfähigkeiten, flexibles Rechen, Kommunizieren sowie Argumentieren.[8]

In den weiterführenden Schulen spielt die Auseinandersetzung mit kombinatorischen Fragestellungen immer wieder eine Rolle, u.a. weil die Kombinatorik eine Hilfsdisziplin für die Statistik und Wahrscheinlichkeitsrechnung darstellt. Dabei verschiebt sich die Lösungsfindung zunehmend auf die abstrakte symbolische Ebene. Eine auf verinnerlichten Handlungen aufbauende Verständnisgrundlage kann gerade deshalb nicht hoch genug eingeschätzt werden.

## 2. Ausgangsbedingungen der Lerngruppe

### 2.1 Arbeitsbedingungen und Voraussetzungen der Lerngruppe

| | |
|---|---|
| Klasse/ Personaler Aspekt | - 15 SchülerInnen (7 Mädchen, 8 Jungen)<br>- keine sprachlich bedingten Verständnisprobleme<br>- Klassenklima insgesamt gut; zeitweise soziale Konflikte zwischen einzelnen S.<br>- Motivation und Mitarbeit schüler- und themenabhängig<br>- LAA xxx unterrichtet 5 Std. Mathe/ Woche; ansonsten v.a. Klassenlehrerin xxx |
| Räumlich- organisatorischer Aspekt | - vier Gruppentische<br>- magnetische Tafel mit Platz für einen Stuhlhalbkreis |
| Sachkompetenz | - S. haben im Rahmen der VERA Vorbereitungen (vor einem Jahr) erste Erfahrungen mit der Thematik „Kombinatorik" gesammelt |

---

[6] Vgl. Heinze 2003, S. 19.
[7] Vgl. Radatz/ Schipper/ Dröge/ Ebeling 1999, S. 117.
[8] Vgl. Rasch/ Schütte 2010, S.84ff.

| | |
|---|---|
| | - S. haben im Zuge der Zahlbereichserweiterung vorgegebene Ziffern zu möglichst großen bzw. kleinen Zahlen zusammengestellt. Das Finden aller Möglichkeiten wurde hierbei nicht thematisiert.<br>- selbstständiges Finden/ Benennen der Problemstellung bereitet den S. Probleme |
| Methoden-<br>kompetenz | - Methode des kooperativen Lernens nach dem „Ich-Du-Wir-Prinzip" ist vertraut<br>- S. sind es gewohnt Gruppenergebnissen vorzustellen; die moderierte Präsentation ist bekannt; eine zielführende Diskussion unter Verwendung von Satzanfängen fällt einigen S. noch schwer |
| Sozial-<br>kommunikative<br>Kompetenz | - Ausprägung sozialer Kompetenzen sehr heterogen (siehe 2.2)<br>- S. rufen sich (nach Handzeichen) in einer Meldekette auf<br>- Austausch, Absprache und gegenseitige Unterstützung innerhalb der Gruppen gelingt i.d.R. gut<br>- zwischen den Gruppen oft starkes Konkurrenzdenken |
| Selbstkompetenz | - Einige S. unterschätzen ihre eigene Leistungsfähigkeit und neigen dazu, voreilig Differenzierungsmaterial zu nutzen → Tippkarten durch L.<br>- Reflexion des Lernzuwachses am Ende der Stunde nach zeigen eines Bildimpulses ist bekannt |
| Regeln<br>und Rituale | - Symbolkarte zur Einleitung von Stuhlhalbkreis mit fester Sitzordnung<br>- Klangstab (einmal klingeln) und Handzeichen als Ruhezeichen<br>- akustisches Signal (Klangschale) zur Beendigung einer Arbeitsphase |
| Mögliche Stör-<br>faktoren und<br>pädagogische<br>Maßnahmen | - Störungen jeglicher Art → (non)verbale Ermahnung<br>- zu hoher Lautstärkepegel während der Arbeitsphase → Klangstab und Handzeichen; Ansprechen einzelner Schüler<br>- Gruppenzusammensetzung und Rollenverteilung wurde vorab geregelt, da dies oft Anlass für Diskussionen darstellt<br>- Abstimmungsprobleme bei der Gruppenarbeit → Sprechen mit den S. und zur Zusammenarbeit ermuntern |

## 2.2 Kompetenzprofil einzelner Schüler/ Schülergruppen

| Name | Auffälligkeiten | Konsequenzen für die Unterrichtsstunde |
|---|---|---|
| xxx | - sehr leistungsstarke, ehrgeizige Schüler; können eigenständig, auch komplexe Problemstellungen lösen<br>- gute Sozialkompetenz, Teamfähigkeit | - Zusammenarbeit mit leistungsschwächeren Schülern in der Gruppenarbeit (Helferprinzip)<br>- Zusatzaufgabe bei Bedarf |
| xxx | - leistungsstarke Schüler, ebenfalls sehr ehrgeizig und kreativ<br>- gute Teamfähigkeit; lassen sich allerdings schnell ablenken und rufen häufig rein → Motivation und Verhalten schwanken | - Zusammenarbeit mit leistungsschwächeren Schülern in der Gruppenarbeit (Helferprinzip)<br>- ggf. ermahnen<br>- Zusatzaufgabe bei Bedarf |
| xxx | - leistungsstark, aber sehr zurückhaltend und verträumt → ADS; wird medikamentös behandelt | - ggf. Arbeitserinnerung durch L.<br>- unterstützt die Gruppe durch sein Wissen → evtl. dazu ermutigen, Ideen mitzuteilen |
| xxx | - hat ADHS und wird medikamentös behandelt<br>- je nach Tag und Situation starke Schwankungen; in letzter Zeit oft unkonzentriert und z.T. sehr aggressiv | - verstärktes Augenmerk durch L.<br>- für GA Zusammenarbeit mit S., mit denen er i. A. gut zurecht kommt |
| xxx | - mittlerer Leistungsbereich<br>- unruhig; lassen sich leicht ablenken<br>- z.T. problematisches Sozialverhalten und wenig kooperationsfähig | - durch die enaktive Phase (Umlegen der Zahlenkarten) wird ihnen der Zugang erleichtert<br>- Farben unterstützen den Ordnungsprozess<br>- Differenzierung durch die Gruppenarbeit: erhalten hilfreiche Anregungen durch Gruppe<br>- Tipps durch L. bei Bedarf<br>- müssen ggf. ermahnt werden |

3

| xxx | - mittlerer bis unterer Leistungsbereich<br>- gute Sozialkompetenz und Teamfähigkeit | - s.o.<br>- Bereichern die Gruppe insbesondere durch ihre soziale Kompetenz |
|---|---|---|
| xxx | - sehr leistungsschwach<br>- in EA oft wenig motiviert; in GA leistungswillig und bringt sich dann ein | - durch die enaktive Phase wird ihr der Zugang erleichtert<br>- wird vermutlich nur mit Hilfe ein Ordnungssystem finden → Differenzierung durch GA<br>- Tipps durch L. bei Bedarf |
| xxx | - sehr leistungsschwach; sehr viele Fehlzeiten<br>- kaum zur Kooperation fähig: gerät schnell in Diskussionen und verweigert dann häufig die Mitarbeit | - besonderes Augenmerk durch L. → ggf. bei Konflikten vermitteln |
| Insgesamt wurde die Sitzordnung so verändert, dass während der Gruppenarbeit leistungsheterogene Gruppen entstehen und Schüler zusammenarbeiten, die gleichzeitig sozial meist gut miteinander auskommen. Dadurch können die leistungsstärkeren S. ihre Mitschüler im Sinne des Helfersystems unterstützen und mögliche Konflikte werden minimiert. | | |
| Zur weiteren qualitativen Differenzierung werden bei Bedarf Tippkarten eingesetzt; zur qualitativen Differenzierung stehen zwei Zusatzaufgaben zur Verfügung. | | |

# 3. Thematische Strukturierung

## 3.1 Aufriss der Unterrichtseinheit „Kombinatorik"

| Stunde | Thema | Zentrales Anliegen |
|---|---|---|
| 1. | Einführung einer kombinatorischen Fragestellung – Finden von Anordnungen und Entwicklung von Strategien | Die S. finden möglichst viele Anordnungen für einen vierstelligen Zahlencode (Ziffern 1,3,8,9) und entwickeln dafür Strategien.<br>(Permutation ohne Wd.) |
| 2. | Das Baumdiagramm | Die S. lernen das Baumdiagramm als mögliche Ordnungsstruktur kennen und wenden es zum Lösen einer neuen Aufgabe an.<br>(Variation mit Wd.) |
| 3. | Die Tabelle | Die S. lernen die Tabelle als mögliche Ordnungsstruktur kennen und wenden sie zum Lösen einer neuen Aufgabe an.<br>(Kombination ohne Wd.) |
| 4. | Kombinatorische Lösungsstrategien | Die S. nutzen ihre bisherigen Lösungsstrategien zur Ermittlung aller Möglichkeiten einer dreistufigen Kombination<br>(Kombination mit Wd.) |
| 5. | Schatzsuche | Die S. berechnen mit Hilfe der bisher erarbeiteten Hinweise eine Lösungsformel und begeben sich mit Kompass auf die Suche des Schatzes. |

## 3.2 Sachanalyse

Die Kombinatorik ist neben der Statistik und der Wahrscheinlichkeitsrechnung eines von drei Teilgebieten der Stochastik. Sie geht im Wesentlichen zwei Fragen nach:

- Welche Möglichkeiten gibt es, Elemente einer endlichen Menge nach bestimmten Bedingungen auszuwählen oder anzuordnen?
- Wie viele Möglichkeiten gibt es dabei insgesamt?[9]

---

[9] Vgl. Kütting/ Sauer 2009, S. 138.

4

Vor dem Hintergrund dieser Fragen unterscheidet man drei Teilbereiche der Kombinatorik: die Kombination, die Variation und die Permutation. Kombination und Variation sind Auswahlprobleme, bei denen nicht alle Elemente der endlichen Menge verwendet werden müssen. Spielt die Reihenfolge der ausgewählten Elemente eine Rolle, spricht man von Variationen; ist die Reihenfolge irrelevant, spricht man von Kombinationen. Bei der Permutation handelt es sich um ein Anordnungsproblem. Es werden Möglichkeiten gesucht, alle Elemente einer Menge anzuordnen, wobei die Reihenfolge eine Rolle spielt. Sie ist somit ein Spezialfall der Variation. Zusätzlich gilt es bei allen Teilbereichen zu unterscheiden, ob ein Element der Menge einfach oder wiederholt ausgewählt werden darf.[10]

In der vorliegenden Unterrichtsstunde beschäftigen sich die Kinder mit einer 4-elementigen Permutation ohne Wiederholung – konkret ermitteln sie die Anzahl aller Anordnungen der Ziffern 1, 3, 9, 8, wobei jede Ziffer genau einmal vorkommt.

Die Anzahl der Permutationen ohne Wiederholung aus n Elementen beträgt - gemäß dem allgemeinen *Zählprinzip der Kombinatorik* - $p(n) = n! = n \cdot (n-1) \cdot \ldots \cdot 3 \cdot 2 \cdot 1$. Hieraus ergibt sich für die Aufgabenstellung der Stunde mit n = 4: $p(4) = 4! = 4 \cdot 3 \cdot 2 \cdot 1 = 24$.[11]

Neben dieser rechnerischen Lösung sind weitere systematische Herangehensweisen zum Finden aller Anordnungen geeignet. Die Wichtigsten sind nachfolgend dargestellt:[12]

*1) Tachometerzählerprinzip:* Dabei werden die Elemente der ersten bzw. der ersten beiden Ebenen (bei 4-elementigen Mengen) so lange konstant gehalten, bis die Elemente auf den verbleibenden Ebenen alle Möglichkeiten durchlaufen haben.

| | | | | | | | | | | |
|---|---|---|---|---|---|---|---|---|---|---|
| 1389 | 1893 | 1983 | 3189 | 3918 | 3819 | 8139 | 8319 | 9138 | 9318 | 9813 |
| 1398 | 1839 | 1938 | 3198 | 3981 | 3891 | 8193 | 8391 | 9183 | 9381 | 9831 |

Werden die ersten beiden Ziffern festgelegt, ergeben sich für die letzten beiden Ziffern nur noch zwei Möglichkeiten. Da es zwölf Möglichkeiten gibt, die erste und zweite Stelle festzulegen, ergeben sich auf diesem Weg 12 · 2 = 24 Anordnungen.

| | | | |
|---|---|---|---|
| 1389 | 3189 | 8139 | 9138 |
| 1398 | 3198 | 8193 | 9183 |
| 1893 | 3918 | 8319 | 9381 |
| 1893 | 3981 | 8391 | 9318 |
| 1983 | 3891 | 8931 | 9831 |
| 1938 | 3819 | 8913 | 9813 |

Wird nur die erste Ziffer festgesetzt, ergeben sich für die restlichen drei Ziffern jeweils sechs Anordnungsmöglichkeiten. Auf diesem Weg ergeben sich folglich 4 · 6 = 24 Anordnungen.

2) Geordnete Darstellung (z.B. im Stellenwertsystem) mit dem Ziel, die möglichen vierstelligen Zahlen der Größe nach zu sortieren.

3) Baumdiagramm

---

[10] Vgl. Hell 2009, S.27f; Kütting/ Sauer 2009, S. 138.
[11] Vgl. Kütting/ Sauer 2009, S. 138.
[12] Vgl. Hoffmann 2003, S. 169-176.

### 3.3 Didaktische Reduktion

Selbstverständlich werden die Schüler nicht mit den oben genannten Fachbegriffen konfrontiert. Dies ist Aufgabe der weiterführenden Schulen. Im Laufe der Unterrichtseinheit setzen sich die Schüler mit handlungs- und problemorientierten kombinatorischen Fragestellungen auseinander und lernen zu unterscheiden, ob Elemente wiederholt auftreten können oder nicht und ob die Reihenfolge dabei von Bedeutung ist. Dabei sind kindgemäße Begriffe wie „Anordnungen", „Möglichkeiten", „Kombinationen" o.ä. legitim und werden synonym verwendet.

In der vorliegenden Einführungsstunde sollen sie durch eine Permutation von vier vorgegebenen Zahlen in ihrer Kreativität und Problemlösefähigkeit herausgefordert werden. Nach den Erfahrungen von Neubert (2003) fällt dieser Aufgabentyp Kindern am leichtesten und wird daher für den Einstieg in die Thematik empfohlen.[13]

Die Anzahl der möglichen Anordnungen (24) ist dabei einerseits noch so überschaubar, dass alle Lösungen einzeln notiert und ggf. auch durch Probieren gefunden werden können, gleichzeitig so anspruchsvoll, dass eine gewisse Herausforderung entsteht und - zumindest für das Begründen der Vollständigkeit - ein systematisches Vorgehen erforderlich wird. Dieses mögliche Bearbeitungsspektrum von „Versuch und Irrtum" bis „zielgerichtetes Vorgehen und Beweisen" ist im Sinne der natürlichen Differenzierung legitim und ermöglicht ein Arbeiten auf individuellem Niveau. In der Präsentation kommt es dann allerdings darauf an, dass die leistungsschwächeren Kinder an den Ergebnissen der leistungsstärken teilhaben und auf diese Weise alle Schüler an das strategische Denken herangeführt werden.

Das Baumdiagramm oder die Tabelle als weitere Hilfsmittel zum systematischen Zusammenstellen und Sortieren aller Lösungsmöglichkeiten werden erst in den Folgestunden thematisiert, es sei denn eine Gruppe sollte dies zur Lösungsfindung genutzt haben. Auch die o.g. Produktregel spielt keine Rolle.

---

[13] Vgl. Neubert 2003, S. 97

## 3.4 Lern- und Handlungsschwerpunkte

### 3.4.1 Lernschwerpunkt

Die S. finden möglichst viele Anordnungen für einen vierstelligen Zahlencode (Ziffern 1,3,8,9 ohne Wd.) und entwickeln dafür Strategien.

### 3.4.2 Wissens- und Kompetenzentwicklungen (Bezüge zu den Bildungsstandards in Klammern)

| Wissens- und Kompetenzentwicklung | Handlungssituation |
|---|---|
| **Sachkompetenzen (S)** | |
| S1 Die S. formulieren die Problemstellung, | indem sie auf Basis der Impulse die wesentlichen Aspekte der Aufgabenstellung benennen. |
| S2 Die S. geben eine Vorstellung von der Anzahl der Anordnungsmöglichkeiten an, | indem sie Vermutungen äußern und zu begründen versuchen. |
| S3 Die S. entwickeln Lösungsstrategien (v.a. systematisches Probieren: Tachometerzählerprinzip), (KMK: Problemlösen) | indem sie verschiedene Anordnungsmöglichkeiten durch das Legen der Zahlenkarten handelnd erproben, mögliche Systematiken erkennen und fortsetzen. |
| S4 Die S. finden möglichst viele der 24 möglichen Anordnungen, | indem sie ihre Lösungen möglichst strukturiert und geordnet darstellen. |
| S5 Die S. modellieren, (KMK: Modellieren) | indem sie ein vorgegebenes Problem in die Sprache der Mathematik übersetzen, innermathematisch lösen und auf die Ausgangssituation beziehen. |
| **Sozial-kommunikative Kompetenzen (K)** | |
| K1 Die S. kommunizieren im Rahmen der GA, (KMK: Kommunizieren) | indem sie über versch. Anordnungsmöglichkeiten diskutieren und gemeinsam zu einem Ergebnis kommen. |
| K 2 Die S. reflektieren über verschiedene Lösungsstrategien, (KMK: Argumentieren, Kommunizieren) | indem sie ihr eigenes Ordnungsprinzip begründen, die Anordnungen der anderen Gruppen nachvollziehen und bewerten. |
| **Selbstkompetenzen (SE)** | |
| SE1 Die S. übernehmen Verantwortung innerhalb der Gruppe, | indem sie eine Rolle übernehmen und gewissenhaft umsetzen. |
| SE2 Die S. reflektieren ihren Lernprozess, | indem sie darüber nachdenken, was sie heute gelernt haben und dies verbalisieren. |
| **Methodenkompetenzen (M)** | |
| M1 Die S. stellen ihre Ergebnisse dar, | indem sie ihre Anordnungen mit Zahlenkarten auf der Magnettafel festhalten und ihre Strategie ausformulieren. |
| M2 Die S. praktizieren kooperatives Lernen, | indem sie zunächst in EA arbeiten, dann in GA und zum Schluss ihre Ergebnisse vorstellen. |
| M3 Die S. präsentieren ihre Ergebnisse, (KMK: Darstellen, Kommunizieren) | indem sie ihre Überlegungen sowie Ergebnisse visualisieren und verständlich erklären. |

# 4. Methodische Strukturierung

## 4.1 Begründung der Methodenkonzeption der Stunde

Die vorliegende Mathematikstunde ist der Großmethode des problemorientierten Lernens zuzuordnen. Sie ist vorwiegend an den Artikulationsmodellen von Leutenbauer und Weiser orientiert. Zu Beginn steht im Sinne Leutenbauers die Phase der Problemausbreitung und -erfassung, in der das Problem von den Schülern, auf Basis der Impulse, formuliert wird. Die Problemerarbeitung und -lösung erfolgt handlungsorientiert und durch die Methode des kooperativen Lernens. Dadurch können sich zunächst individuelle Entdeckungen auf der Basis verschiedener Vorkenntnisse entfalten und dann in der Gruppe zusammengetragen bzw. erweitert werden. Abschließend werden die Ergebnisse im Plenum verbalisiert und verglichen. Diese letzte Phase wurde aus dem Konzept von Weiser ergänzt. Durch dieses Vorgehen werden viele Forderungen der Bildungsstandards (allgemeine math. Kompetenzen) umgesetzt.

## 4.2 Begründung der wesentlichen methodischen Schritte

*Motivation, Problemausbreitung und -erfassung:*

Nach der Begrüßung kommen die Schüler durch einen Bildimpuls in einen Stuhlhalbkreis, der eine dichtere Gesprächsatmosphäre bietet und die Aufmerksamkeit auf die genutzten Materialien sowie die Tafel zentriert. Die Unterrichtsreihe zum Thema Kombinatorik ist in den Rahmen einer „Schatzsuche" eingebettet, in deren Verlauf verschiedene kombinatorische Probleme gelöst werden müssen, um am Ende einen Schatz in den Händen halten zu können. In dieser Stunde erfolgt der Einstieg durch die Präsentation einer „alten Truhe", die mit einem vierstelligen Zahlenschloss verriegelt ist. Durch eine Lehrererzählung wird auf den Ursprung der Kiste verwiesen und eine beigefügte Schriftrolle gibt Hinweise auf die Aufgabenstellung. Durch diese Impulse soll einerseits ein Lebensweltbezug geschaffen und das Interesse der Schüler geweckt werden, andererseits wird unmittelbar auf die heutige Problemstellung hingeführt. Diese sollte möglichst von den Schülern (als Tafelüberschrift) benannt werden, wobei hier in der Vergangenheit häufig viel Hilfe benötigt wurde.

Das gemeinsame Ausprobieren und Sammeln einiger Zahlenkombinationen sowie das Aufstellen von Vermutungen über die mögliche Gesamtzahl soll ein gedankliches Befassen mit dem Problem bewirken und das Verständnis sichern. Dabei werden bereits an der Tafel farbige Zahlenkarten verwendet, die im Kleinformat analog in der EA und GA genutzt werden können.

*Problemerarbeitung/ Problemlösung:*

Für die Phase des Problemlösens habe ich die Methode des kooperativen Lernens nach dem „Ich-Du-Wir-Prinzip" ausgewählt. Sie ist den Kindern vertraut und ermöglicht es, dass sich jeder Schüler zunächst individuell mit dem Problem auseinandersetzt, gleichzeitig bei der Lösung aber nicht auf sich allein gestellt bleibt.

Der Arbeitsauftrag ist dabei – entsprechend den Zäsuren der Methode – in zwei Teile (EA, GA) zerlegt und wird jeweils gemeinsam besprochen. Dadurch sollten die weiteren Arbeitsschritte unmittelbar klar sein.

Für die Einzelarbeit erhalten die Schüler ein Arbeitsblatt und vier farbige Zahlenkarten. Dies ermöglicht zwar eine enaktive Herangehensweise, wodurch für alle Kinder ein Zugang geschaffen wird; gleichzeitig kann aber immer nur eine Anordnung gelegt werden, sodass das Notieren der Ergebnisse unmittelbar erforderlich wird. Dies war mir wichtig, damit die Schüler mit ersten „mobilen", schriftlichen Ergebnissen und Strategieansätzen in die Gruppenarbeit starten.

Durch die zusätzliche Unterlegung der Zifferkarten mit Farben soll das Finden und spätere Begründen bzw. Vergleichen der Systematiken unterstützt werden.

Der Beginn der Gruppenarbeitsphase wird durch ein akustisches Signal gekennzeichnet. Nach Klärung der weiteren Abläufe dürfen sich die Schüler (wie gewohnt) selbstständig räumlich organisieren, um optimal arbeiten zu können. Die Gruppen- und Rollenverteilung (Schreiber, Materialmanager, Zeitwächter, Vorleser) wurden vorab geregelt, da hierbei schnell Konflikte entstehen. Für die Sammlung und Darstellung der Ergebnisse gebe ich als Materialien Magnettafeln und magnetische Zahlenkarten vor. Zwar ist mir bewusst, dass ich die Darstellungsmöglichkeiten der Schüler durch diese Vorgaben einschränke, dennoch ergeben sich folgende Vorteile, die ich für eine Einführung in die Thematik als wichtig erachte: Alle Anordnungen können handelnd gefunden und variabel sortiert bzw. auch (mehrfach) umsortiert werden; es entsteht ein großes Kommunikations- bzw. Diskussionspotenzial; die einheitliche Zahlengröße und die Farben erleichtern das Erkennen eines Ordnungssystems sowie den Vergleich der Gruppenergebnisse.

Generell beinhaltet die selbstdifferenzierende Aufgabe eine natürliche Differenzierung, da jedes Kind unterschiedlich viele Möglichkeiten und auf unterschiedlichem Niveau (Probieren vs. systematisches Vorgehen) finden kann. Zusätzlich besteht Differenzierung durch die Methode des kooperativen Lernens (leistungsheterogene Gruppen, Helfersystem) und qualitative Differenzierung durch den möglichen Einsatz von Tippkarten für leistungsschwächere Gruppen. Tipp 1 liefert einen Hinweis für die Strategie des Tachometerzählerprinzips; der konkrete Tipp 2 gibt den Gruppen gleichzeitig noch die Sicherheit, alle Möglichkeit gefunden zu haben. Er ist somit eher für einen späteren Zeitpunkt - im Sinne einer Kontrolle - gedacht. Das Angebot zweier möglicher Zusatzaufgaben stellt eine quantitative Differenzierung für schnelle Gruppen dar. Die erste Aufgabe dient unmittelbar der Eingrenzung der möglichen Zahlencodes für die spätere Öffnung der Truhe. Die anspruchsvolle zweite Aufgabe stellt ein Rückbezug zu den im November thematisierten „Summen von aufeinanderfolgenden Zahlen" dar. Sie wird nur eingesetzt, wenn eine Gruppe sehr schnell den Arbeitsauftrag erledigt haben sollte.

*Ergebnisvorstellung:*

Die Ergebnisvorstellung erfolgt wieder im Stuhlhalbkreis. Dieser bietet eine geeignete Gesprächsatmosphäre und die Lösungen aller Gruppen können für alle gut sichtbar an der Tafel betrachtet sowie gewürdigt werden. Die L. wählt zwei bis drei Gruppen aus, hängt deren Ergebnisse in die Mitte und lässt diese (optimalerweise eine einfache und eine gute/ strategische Lösung) vorstellen. Anschließend werden diese Lösungswege mit Hilfe von vorbereiteten Satzanfängen (Mir fällt auf, dass...; Diese Lösungswege sind ähnlich, weil...; Unterschiedlich ist, dass...) verglichen. Dabei sollen sich die Kinder auch im Begründen der Vollständigkeit versuchen. Mit Hilfe eines weiteren Satzanfanges (Die Strategie finde ich am besten, weil...) wählen die Schüler anschließend eine - ihrer Meinung nach - geeignete Strategie aus und begründen ihre Entscheidung.

Sollten von keiner Gruppe alle 24 Möglichkeiten gefunden worden sein, werde ich - bei ausreichend Zeit - versuchen, die Strategie einer Gruppe aufzugreifen und durch Impulse gemeinsam mit den Schülern weiterzuführen. Wenn dies im Rahmen der Stunde nicht mehr möglich ist, dient dies als Anlass, um in der nächsten Stunde das Baumdiagramm als Strukturierungshilfe zu erarbeiten.

Aus motivationalen Gründen endet die Phase in jedem Fall mit dem (vorläufigen) Beantworten der anfangs formulierten Problemstellung, der Herstellung des Lebensweltbezugs und dem Öffnen der Truhe. Um ein langwieriges Ausprobieren aller gefundenen Möglichkeiten zu umgehen, fällt der L. „zufällig" der Hinweis ein „dass Leute für solche Zahlencodes gerne ihr Geburtsjahr verwenden, damit sie die Zahl nicht vergessen". Die gemeinsame Überlegung „wann die Uroma von Frau xxx geboren sein könnte", schränkt die Anzahl der Möglichkeiten nun auf eine (bzw. maximal auf zwei) ein. In der Truhe befinden sich ein Tresor und eine Schriftrolle mit weiteren Hinweisen. Dies bildet die Überleitung zu der Hausaufgabe und gibt einen Einblick in die Folgestunden.

*Reflexion:*

Die Reflexion des Lerninhalts („Was habe ich heute gelernt?") erfolgt durch einen Bildimpuls. Dies dient der Zusammenfassung des Gelernten und der Überprüfung, ob der Stundeninhalt klar geworden ist.

*Ergebnissicherung:*

Die Ergebnissicherung muss aus zeitlichen Gründen vermutlich komplett in die Hausaufgabe verlegt werden. Deshalb habe ich hierfür eine analoge Aufgabenstellung (vierstelliger Zahlencode mit neuen Zahlen) gewählt, die dann nicht nur als Anwendung, sondern gleichzeitig als Sicherung dient.

# 5. Unterrichtsskizze

## 5.1 Stundenverlauf

| Phase/ Zeit/ Kompetenzen | Unterrichtsgeschehen | Method.-did. Erläuterungen | Medien |
|---|---|---|---|
| Motivation/ Problemausbreitung ca. 6 min. | - Begrüßung<br>- L. bittet S. in **Stuhlhalbkreis**<br>- L. zeigt verschlossene **Kiste** mit vierstelligem Zahlenschloss und gibt Infos über Lebensweltbezug<br>„*Mir ist am Wochenende etwas Spannendes passiert. Ich war bei meinen Eltern auf dem Dachboden und habe da nach einem alten Fotoalbum gesucht. Dabei bin ich auf diese alte Kiste hier von meiner Uroma gestoßen. Das fand ich ziemlich rätselhaft und dachte, das wäre vielleicht auch etwas für euch und habe sie deshalb heute mal mitgebracht ... Dabei war noch so eine große Schriftrolle.*"<br>→ S. liest Schriftrolle vor; L. gibt Infos zum Autor<br>→ S. fassen Inhalt in ihren Worten zusammen<br>- L. heftet 4 farbige **Zahlenkarten** an die Tafel<br>- S. testen einzelne Kombinationen aus und notieren sie an der Tafel | - Artikulationsschema vorrangig nach Leutenbauer/ Weiser<br>- Ritual: Flashcard<br>- Zentrierung der Aufmerksamkeit<br>- Lebensweltbezug dient der Weckung des Interesses und der Problemhinführung<br>- gelenktes Unterrichtsgespräch<br><br>- erste Sammlung von Ideen/ Möglichkeiten zur Verständnissicherung und Überleitung zur Problemerfassung | - Flashcard<br>- Kiste mit Zahlenschloss<br>- Schriftrolle<br>- große Zahlenkarten |
| Problemerfassung ca. 4 min.<br><br>S1; S2 | - L. „**Sind das alle?** /Was glaubt ihr denn, wie viele Möglichkeiten es gibt?"<br>→ Vermutungen werden abgegeben, begründet und an Tafel notiert<br>- „**Was könnten wir denn nun für eine Frage/ Überschrift formulieren?**"<br>→ **Problemstellung** wird von S. benannt und von L. an der Tafel notiert<br>(ca. Wie viele Zahlencodes/ Kombinationen/ Möglichkeiten gibt es?) | - Vermutungen, um sich vorab mit dem Thema zu befassen<br><br>- Zieltransparenz | - Tafel |
| Problemerarbeitung/ Problemlösung ca.<br>2 min. +<br>5 min. +<br>15 min.<br><br>S3; S3; S5<br>K1; K2;<br>SE 1;<br>M1; M2 | - **Arbeitsauftrag** wird an der Tafel visualisiert und besprochen<br>- Klärung der Arbeitsmittel für EA (AB, Zahlenkarten)<br>- Fragen zur Klärung können gestellt werden<br>- Wiederholung des Arbeitsauftrages durch S.<br>- S. gehen an ihre Plätze, L. teilt Material aus<br>- **Ich-Phase**: S. legen mögliche Anordnungen mit Zahlenkarten, schreiben sie auf und entwickeln erste Ideen für Strategien<br>- **Du-Phase**: Auf Zeichen vom L. wechseln S. von der EA in die GA<br>- **Arbeitsauftrag** für GA wird an die Tafel gehängt und von S. vorgelesen<br>- Klärung der Arbeitsmittel (Magnettafel, Kästchen mit Aa, Stift, Zahlenkarten)<br>- Fragen können gestellt werden<br>- Materialien für GA werden von jeder Gruppe geholt | - Visualisierung/ Wiederholung des Arbeitsauftrags zur Klarheit<br><br>- EA, um individuelle Auseinandersetzung mit dem Gegenstand zu ermöglichen<br>- enaktive Herangehensweise möglich (Zahlenkarten)<br>- GA: Aufgabenverteilung (Vorleser, Schreiber, Materialmanager, Zeitmanager) regeln die S. intern | - Tafel<br>- Visualisierung<br>- AB<br>- kleine Zahlenkarten<br><br><br><br>- Aa (groß)<br>- Aa (klein)<br>- Magnettafeln |

| | | |
|---|---|---|
| | - S. tauschen sich in der Gruppe aus; Diskussion von Strategien und gemeinsame Entscheidung für eine Strategie<br>- S. halten ihre Anordnungen mit Zahlenkarten auf Magnettafeln möglichst systematisch fest und formulieren schriftlich ihre Strategie<br>- **Tipps** als Hilfestellung zur Differenzierung nur bei Bedarf durch L.<br>- **Zusatzdifferenzierung** durch Sternchenaufgabe nur bei Bedarf durch L.<br>- L. beendet GA durch akustisches Signal<br>- Anbringen der Tafeln an der Tafel | - Differenzierung durch selbstdifferenzierende Aufgabe und kooperatives Lernen; weitere qual. und quant. Differenzierung bei Bedarf<br>- L. als Moderator; Prinzip minimaler Hilfe<br><br>- Würdigung aller Ergebnisse | mit Plakat<br>- Zahlenkarten<br>- dicke Stifte<br><br>- Tipp 1, 2<br>- Sternaufgabe 1,2 |
| Ergebnis-vorstellung<br>ca. 10 min.<br><br>K2;<br>M2; M3 | - **Wir-Phase: Ergebnisvorstellung**<br>- L. bittet S. in Kinositz<br>- Moderierte Präsentation: L. entscheidet, welche Ergebnisse vorgestellt werden<br>- S. stellen ihre Ergebnisse und Ordnungsprinzipien/ Strategien vor<br>- L. heftet **Satzanfänge** an<br>- S. vergleichen die Ergebnisse/ Strategien; L. leitet durch Impulse<br>- L. heftet weiteren **Satzanfang** an und S. bestimmen ihrer Meinung die beste Strategie (ggf. gemeinsame (Um)Formulierung an Tafel)<br>- sollte keine Gruppe alle 24 Möglichkeiten gefunden haben, wird bei ausreichend Zeit ein guter Lösungsansatz gemeinsam fortgeführt; bei Zeitmangel dient dies als Anlass in der nächsten Stunde, um das Baumdiagramm zu nutzen<br>- L.: „ **Wie viele Möglichkeiten gibt es nun?"**<br>ggf. auch „ **Können wir uns sicher sein, dass wir alle gefunden haben?"**<br>→ Beantwortung der anfangs formulierten **Problemstellung.**<br>- **Vergleich des Ergebnisses mit den Vermutungen aus dem Einstieg** | - Wir-Phase: Teilhabe aller S. an den Ergebnissen<br>- aus zeitlichen Gründen können ggf. nicht alle Gruppen präsentieren<br>- moderierte Präsentation mit vorbereiteten Satzanfängen; L. leitet durch Impulse<br>- S. bewerten die Strategien, wodurch eine sinnvolles Ordnungsprinzip begründet werden den muss (Ordnung, die erkennen lässt, ob man alle Möglichkeiten gefunden hat)<br><br>- Lösung der Problemstellung<br><br>- Würdigung | - Tafel<br>- S.- Ergebnisse<br>- Magnethaken<br>- Satzanfänge<br><br>Erst:<br>„Mir fällt auf, dass..."<br>„Diese Lösungswege sind ähnlich, weil..."<br>„Unterschiedlich ist, dass..."<br><br>später<br>„Die Strategie finde ich am besten, weil..." |
| Abschluss und Ausblick auf Folgestunden<br>ca. 6 min.<br><br>S5 | - **L.: „ Was machen wir jetzt mit den ganzen Ergebnissen?"**<br>→ S. wollen alle Möglichkeiten ausprobieren<br>- L. äußert **Hinweis** (Möglichkeit des Geburtsdatums): „ *Bevor wir jetzt alle Möglichkeiten austesten, mir fällt da gerade etwas ein. Ich stelle häufig bei solchen Zahlencodes mein Geburtsjahr ein, damit ich die Kombination nicht vergesse.*<br>*Vielleicht hat das meine Uroma auch gemacht.*<br>- S. nennen Geburtsdatum (1893) und öffnen Truhe → Inhalt: Tresor und Zettel = erster Hinweis zum Schatz und Überleitung zur HA<br>- Hausaufgabe wird besprochen und ausgeteilt | - Interpretation → Folgerung für Ausgangslage; Herstellung Lebensweltbezug<br><br>- neue Problemstellung und Ausblick<br>- HA dient der Anwendung und Sicherung des Gelernten | - Tresor<br>- Zettel<br>- AB für HA |
| Reflexion<br>2 min.<br><br>SE2 | - L. zeigt Symbolkarte („ **Was habe ich heute gelernt?"**)<br>- S. benennen Lernzuwachs | - Ritual: Flashcard<br>- Reflexion des Stundeninhalts und Zusammenfassung des Gelernten | - Flashcard |

12

- Minimalplanung: Ergebnissicherung wird komplett in HA verlagert → analoge Problemstellung als Anwendung und Sicherung
- Maximalplanung: S. schreiben sich am Ende (als ersten Teil der Ergebnissicherung) eine Strategie von der Tafel ab bzw. formulieren sich ihre eigene Strategie (auf dem AB der EA); ggf. wurde zuvor eine Strategie gemeinsam an der Tafel (um-)formuliert (ca. „Lasse die erste Zahl am Anfang gleich. Suche dann alle möglichen Anordnungen für die anderen drei Zahlen. Wiederhole diesen Schritt mit einer neuen Zahl am Anfang usw.")

### 5.2 Visualisierungen

*Tafelbild*

Anfang:

| Visualisierung der Arbeitsanweisungen | Überschrift (ca. Wie viele Zahlencodes/ Kombinationen/ Möglichkeiten/ Anordnungen gibt es?) *Zahlenkarten und erste Beispiele* Aa-GA | xx.xx.2013 | Vermutungen ..... *(Hintendran Magnettafel für Aa-GA)* |

Ende:

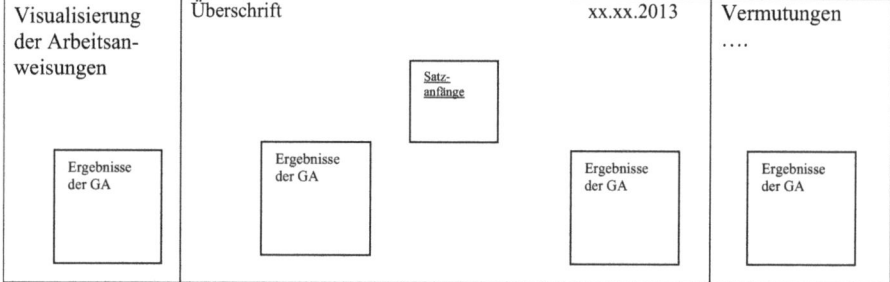

| Visualisierung der Arbeitsanweisungen | Überschrift | xx.xx.2013 | Vermutungen .... |

*Satzanfänge*

| *Wir sprechen über unsere Lösungswege* |
| --- |
| Mir fällt auf, dass... Diese Lösungswege sind ähnlich, weil... Unterschiedlich ist, dass... |
| Die Strategie finde ich am besten, weil... |

## 5.3 Sitzplan

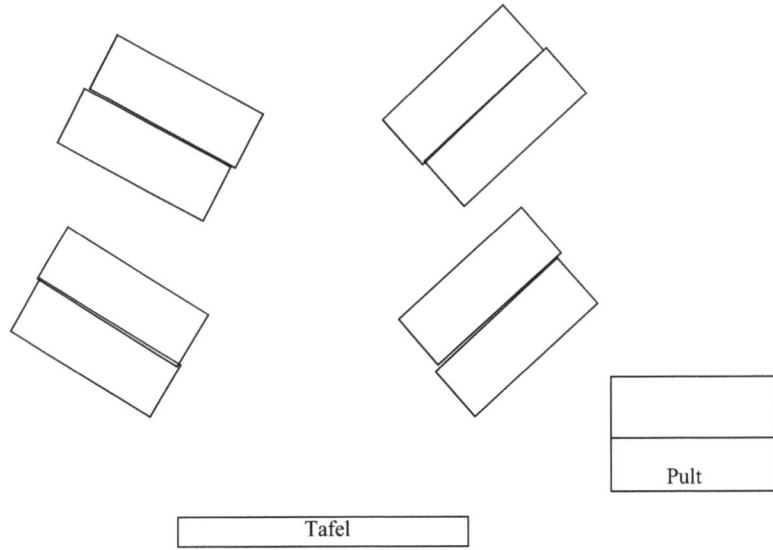

Pult

Tafel

## 6. Literaturverzeichnis

- Ministerium für Bildung, Frauen und Jugend (Hrsg.) (2002) : Rahmenplan Grundschule. Allgemeine Grundlegung. Teilrahmenplan Mathematik. SOMMER Verlag: Grünstadt.

- Kultusministerkonferenz (Hrsg.) (2005): Bildungsstandards im Fach Mathematik für den Primarbereich. Kluwer Verlag: München, Neuwied.

- Rasch, R./ Schütte, S. (2010): Zahlen und Operationen. In: Walther, G./ Granzer, D./ Köller, O. (Hrsg.) (4. Aufl. 2010): Bildungsstandards für die Grundschule: Mathematik konkret. Berlin: Caornelsen Scriptor. S. 66-88.

- Büchter A./ Henn H. (2007): Elementare Stochastik. Berlin, Heidelberg: Springer.

- Heinze, A. (2003): Kombinatorikaufgaben als spezielle Sachaufgaben. Lösungsstrategien mathematisch begabter Grundschüler. In: Grundschulunterricht 50 Jg., Heft 2, 2003, S. 19-22.

- Kütting H./ Sauer M. (2011): Elementare Stochastik.Mathematische Grundlagen und didaktische Konzepte. Heidelberg: Spektrum Verlag.

- Hell, S. (2009): Wie knacken wir ein Zahlenschloss? Eine kombinatorische Fragestellung. In: Fördermagazin. 10/2009, S. 19-24.

- Radatz, H./ Schipper, W./ Dröge, R./ Ebeling, A. (1999): Handbuch für den Mathematikunterricht 3. Schuljahr. Hannover: Schroedel.

14

- Neubert, B. (2003): Gute Aufgaben zur Kombinatorik. In: Ruwisch, S./ Peter-Koop, A. (Hrsg.) (2003): Gute Aufgaben im Mathematikunterricht der Grundschule. Offenburg : Mildenberger. S. 89-101.

- Hoffmann, A. (2003): Elementare Bausteine der kombinatorischen Problemlösefähigkeit. Berlin: Franz Becker Verlag.

**Bildquellen:**

- http://www.amazon.de/gp/product/B000N4CRRW/ref=oh_o00_s00_i00_details (23.2.2013)
- http://www.amazon.de/gp/product/B00186Y2HC/ref=oh_o03_s00_i00_details(23.2.2013)

# 7. Anhang

Wenn ihr die erste Zahl am Anfang gleich lasst, findet ihr mehr Zahlenanordnungen.

Es gibt 6 Zahlenanordnungen, die mit 1 beginnen!

*Zusatzaufgabe*

Als Zahlencode verwenden Leute gerne ihr Geburtsjahr, weil man sich dies gut merken kann. Wir wissen, dass Selma, die Uroma von Frau xxx ist. Wann kann Selma Geburtstag haben?

Vielleicht ist dies die entscheidende Idee zum schnellen Öffnen der Truhe.

Für sehr schnelle Gruppen

Angenommen ihr wollt nun alle gefundenen Zahlencodes einstellen, um das Schloss zu knacken. Dazu folgende Aufgabe:
Zum Einstellen des ersten Codes braucht ihr 5 sec.
Zum Einstellen des zweiten Codes schon 6 sec., weil eure Hände müde werden.
Zum Einstellen des dritten Codes schon 7 sec., weil eure Hände noch müder werden.
...
Zum Einstellen des 24. Codes sogar schon 29 sec., weil eure Hände ganz müde sind.
Wie lange braucht ihr bei diesem Tempo, um das Schloss zu öffnen, wenn dummerweise gerade der 24. Code richtig ist?

Tipp: Denkt an die Gaußaufgabe.

Tipp : Vielleicht hilft euch dieser Ausschnitt der Hundertertafel weiter.

| | | 5 | 6 | 7 | 8 | 9 | 10 |
|---|---|---|---|---|---|---|---|
| 11 | 12 | 13 | 14 | 15 | 16 | 17 | 18 | 19 | 20 |
| 21 | 22 | 23 | 24 | 25 | 26 | 27 | 28 | | |

*Schriftrolle (Einstieg)*

Ort xxx, den 8.4.1952

An den Finder,
herzlichen Glückwunsch! Dich erwarten in der nächsten Zeit spannende Herausforderungen, die dich am Ende zu einem Schatz führen. Mit jedem gelösten Rätsel erhältst du weitere Hinweise.

So viel verrate ich dir. Nur die Zahlen 1, 3, 8, 9 helfen dir hier. Und stell dir vor, jede kommt genau einmal vor.

Unterschrift

*Schriftrolle (Ende)*

Super, die erste Hürde ist gemeistert. Dafür bekommst du den ersten Hinweis auf dem Weg zum Schatz: X = 10. Merke dir diese Zahl gut.
Die nächste Herausforderung erwartet dich im Tresor. Doch dazu musst du diesen erst einmal knacken. Gesucht ist ein vierstelliger Zahlencode. Es kommen nur die Zahlen 1, 2, 6, 7 in Frage. Jede kommt genau einmal vor.

*Arbeitsblätter (Einzelarbeit, Arbeitsauftrag GA, Hausaufgabe)*

# Mit diesen Zahlen kannst du das Schloss knacken

**1** **3** **8** **9**

Schreibe alle möglichen Kombinationen auf, die eingestellt werden können.
Die Zahlenkarten kannst du als Hilfe benutzen.

Überlege vorher: Wie gehst du vor?

# Finden von Zahlenanordnungen

## 1. Verteilt die Rollen in eurer Gruppe.

Vorleser:_____ Schreiber:_____

Zeitmanager:_____ Materialmanager:_____

## 2. Überlegt euch eine <u>Strategie</u>, wie man alle Kombinationen für das Zahlenschloss findet.

## 3. Sammelt alle möglichen Kombinationen auf der Magnettafel und schreibt eure Strategie auf das Plakat.

## 4. Bereitet die Präsentation vor. Überlegt dazu: Wie könnt ihr euch sicher sein, dass ihr alle Möglichkeiten gefunden habt?

Zusatzaufgabe: Wenn ihr fertig seid, könnt ihr euch eine Zusatzaufgabe holen.

*Zeit: 15 min*

# Hausaufgabe: Mit diesen Zahlen kannst du den Tresor knacken

Bild eines Tresors
(aus datenschutz-
gründen entfernt)

## 1 2 6 7

Bild eines Tresors
(aus datenschutz-
gründen entfernt)

1. Bilde mit den Zahlen 1, 2, 6, 7 <u>alle</u> möglichen <u>vierstelligen</u> Kombinationen.

2. Nach Eingabe von vier falschen Kombinationen ist der Tresor für einen Tag gesperrt. Deshalb folgender Hinweis: „groß – klein – groß – klein – eine davon wird es sein". Was könnte das bedeuten? Markiere die Kombinationen rot, die nun nur noch in Frage kommen.